BIBLIOTHÈQUE RURALE

INSTITUÉE PAR LE GOUVERNEMENT.

EMPLOI DE LA CHAUX EN AGRICULTURE.

BRUXELLES.

1850

STAPLEAUX
éditeur.

1re SÉRIE, N° 2.

BIBLIOTHÈQUE RURALE

INSTITUÉE

PAR LE GOUVERNEMENT.

EMPLOI DE LA CHAUX

EN AGRICULTURE.

BIBLIOTHÈQUE RURALE

INSTITUÉE

PAR LE GOUVERNEMENT.

EMPLOI DE LA CHAUX

EN AGRICULTURE.

BRUXELLES.

G. STAPLEAUX, IMPRIMEUR-ÉDITEUR,

RUE DE LA MONTAGNE, N° 51.

1850

AVANT-PROPOS.

Chacun comprendra la nécessité de ce petit traité. Une des questions les plus intéressantes à l'ordre du jour est celle de l'emploi de la chaux en agriculture. Nous manquons en Belgique de traité spécial sur cette matière; il existe à l'étranger des publications sur ce sujet, mais elles ont souvent l'inconvénient de renfermer des vues qui ne sont applicables qu'aux régions pour lesquelles elles sont écrites, ou bien d'entrer dans des développements scientifiques pour l'intelligence desquels il faut des connaissances assez étendues. C'est pour combler cette lacune que nous avons rédigé le travail que nous publions aujourd'hui; nous n'y avons consigné que des faits, résultats de la pratique et de l'observation, en ayant soin d'élaguer toutes les idées théoriques. Nous avons consulté les meilleurs cultivateurs, et nous avons puisé nos arguments dans d'excellents auteurs, afin de fournir au praticien le plus d'éléments possible pour éclairer ses opérations.

Si nous ne sommes pas parvenus à traiter, dans le cadre restreint auquel nous avons cru devoir nous arrêter, tous les points qui se rattachent à cette matière, nous croyons du moins avoir résolu en grande partie les questions principales de pratique, celles mêmes qui sont le plus controversées.

EMPLOI DE LA CHAUX

EN AGRICULTURE.

CHAPITRE PREMIER.

CONSIDÉRATIONS PRÉLIMINAIRES SUR LA CHAUX.

La chaux est généralement assez bien connue dans les campagnes : on l'obtient par la calcination du carbonate de chaux, c'est-à-dire en portant au rouge la pierre calcaire, dans des fours préparés à cet effet. Récemment fabriquée, elle porte indifféremment le nom de *chaux vive* ou *chaux caustique*. Sous cet état, elle est plus ou moins blanche, suivant son degré de pureté; elle est très-avide d'eau; et lorsqu'elle est mise en contact avec ce liquide, elle l'absorbe, l'échauffe, se fendille, se délite et forme une pâte de consistance variable. Exposée à l'air, elle absorbe les vapeurs aqueuses de l'atmosphère et se réduit en poussière : on l'appelle alors *chaux éteinte* ou *chaux fusée*.

Nous ne dirons rien de la fabrication de la chaux; nous ferons seulement une remarque qui peut avoir son utilité : on trouve dans les hauts-fourneaux et autres établissements du même genre des déchets ou résidus de houille que l'on peut employer avec avantage à la fabrication de la chaux; depuis quelques années les cultivateurs du Condroz les utilisent avec succès.

On peut retirer la chaux de toutes les substances qui renferment cette base combinée avec l'acide carbonique, comme disent les chimistes. Les craies, la marne, le marbre peuvent nous la fournir.

Dans certaines localités, on tire parti d'amas volumineux de coquilles vivantes ou fossiles pour se la procurer, mais le plus généralement elle provient de la calcination des roches calcaires.

La pierre calcaire, proprement dite, se rencontre abondamment en Belgique; nous en trouvons des couches puissantes dans le Condroz, dans la Famène, sur les bords de la Meuse, dans les provinces de Namur, du Hainaut, etc. Des recherches bien dirigées amènent, chaque année, la découverte de nouveaux bancs de calcaire, et il est certain que des sondages pratiqués avec intelligence doteraient de cette précieuse pierre des localités très-éloignées des fours à chaux et où elle serait de la plus haute importance (1).

Les qualités physiques ne sont pas les mêmes dans toutes les roches calcaires; la couleur, la densité, la dureté, etc., sont très-variables : il n'est donc pas prudent de se fier à l'aspect des roches pour les considérer comme impropres à la fabrication de la chaux. On peut d'ailleurs s'assurer du fait par des moyens fort faciles : il suffit de prendre un échantillon de la pierre que l'on veut examiner et de la chauffer au rouge; si, après son refroidissement, elle devient blanche, et si en l'aspergeant d'eau elle se délite en dégageant de la chaleur, il est certain qu'elle renferme du calcaire. On peut aussi arriver à cette connaissance en appliquant du fort vinaigre sur un fragment de l'échantillon; l'effervescence produite indique la présence de la chaux. Ce dernier moyen est à la fois plus simple et plus expéditif, mais le précédent est plus sûr.

Tous les carbonates de chaux, depuis les plus purs jusqu'aux plus mélangés, peuvent donner par la calcination un produit blanc, susceptible de fuser avec l'eau et de faire pâte avec elle, mais il existe des différences notables entre les produits que l'on peut en obtenir; aussi a-t-on établi des catégories qui sont au nombre de quatre: la chaux grasse, la chaux maigre, la chaux hydraulique et la chaux magnésienne.

(1) La carte géologique de M. Dumont pourra, sous ce rapport, venir puissamment en aide au cultivateur. Au moyen de cette carte, il sera facile de s'assurer d'avance si les sondages que l'on serait tenté d'exécuter, peuvent avoir quelques chances de succès.

1° La *chaux grasse* est la plus pure et la plus active, par conséquent celle qui convient le mieux au chaulage des terres; mise en contact avec l'eau, elle en absorbe une grande quantité, augmente considérablement de volume et fait avec le liquide une pâte longue et très-liante.

Cette chaux provient toujours de calcaires à peu près purs, c'est-à-dire composés presque entièrement de carbonate de chaux.

2° La *chaux maigre* absorbe aussi l'eau, mais en moindre quantité que la précédente, et est loin d'être aussi avantageuse à l'agriculture. Elle doit être employée en plus grande quantité que la chaux grasse pour produire les mêmes effets. Le fer et d'autres matières inutiles à la végétation avec lesquels elle se trouve associée, lui ôtent une grande partie de son activité et en rendent la pâte à la fois plus courte et moins blanche.

3° La *chaux hydraulique* occupe, quant à l'usage qu'on peut en faire en agriculture, un rang moins élevé encore que la précédente. Cette chaux ne forme avec l'eau qu'une pâte assez courte, mais elle a la singulière propriété de se prendre en une masse compacte, extrêmement dure, lorsqu'elle est employée sous l'eau. On la rencontre dans les environs de Chênée (province de Liége), ainsi qu'à Tournay, où elle est de qualité supérieure pour la construction des bâtiments, des citernes destinées à recueillir les engrais liquides, etc.

4° La chaux magnésienne occupe, quant à sa pureté, un degré intermédiaire entre la chaux grasse et la chaux maigre. Plusieurs auteurs très-distingués ont pensé que cette chaux frappe la terre de stérilité, mais MM. Davy et Lampadius ont eu lieu de prouver qu'elle n'a réellement que des propriétés bienfaisantes.

En règle générale, l'agriculteur doit toujours s'attacher de préférence à la chaux la plus pure, la plus blanche, c'est-à-dire celle qui renferme, sous un même volume, le moins de matières étrangères, car c'est la plus active, la plus puissante et la plus propre à amender les terres de son exploitation. Une des chaux les plus pures est celle qui provient de la calcination du marbre.

CHAPITRE II.

DE L'ACTION ET DU MODE D'ACTION DE LA CHAUX.

§ 1er.

Les deux grands composants des sols sont la silice et l'alumine; ces deux principes suffisent pour donner à la terre tous les degrés d'adhérence, depuis les sols les plus légers jusqu'aux sols les plus compactes. Unis à un peu d'humus, ils suffisent aux conditions nécessaires au développement d'une grande partie des végétaux; mais avec eux cependant la végétation est souvent languissante, et des familles entières de végétaux, même des plus utiles à l'homme, peuvent à peine y vivre si on n'introduit pas dans ce sol un principe actif qui le modifie.

Ce principe est la chaux, ou ses composés naturels ou artificiels; c'est le troisième élément terreux presque nécessaire au sol; mais il se rencontre à peine sur un quart de la surface, et dans ce quart même il se trouve le plus souvent en trop grande ou trop petite proportion.

La bonne qualité de la plupart des sols où il se rencontre, le peu de fécondité de la très-grande partie de ceux qui ne le renferment pas, la grande force de végétation qu'il y développe aussitôt qu'on l'y applique, suffisent pour prouver qu'il doit entrer dans la composition d'un bon sol.

Dans quelques régions du pays, la chaux est considérée comme un des plus précieux moyens de fertiliser les terres; on ne recule pas devant les dépenses souvent très-considérables pour conduire cet amendement sur le sol. En Ardenne, par exemple, la chaux y produit des effets tellement merveilleux, qu'on la considère comme supérieure au fumier, pour amener le sol à un haut degré de fécondité; aussi, n'est-il pas rare d'y voir tripler la production des récoltes par l'effet d'un simple chaulage.

Les terrains qui renferment une quantité sensible de calcaire ont des caractères agricoles qui leur sont propres. En les comparant aux sols purement siliceux ou argileux, on y remarque l'absence de plusieurs plantes impropres à l'alimentation du bétail qui infestent ces derniers terrains : la petite oseille, la matricaire, les oxalis y sont remplacés par le trèfle, les lotiers, la lupuline; les fourrages légumineux y croissent avec facilité; ils sont éminemment propres au froment, et ces qualités sont tellement inhérentes au principe calcaire, qu'il suffit d'en ajouter une très-petite quantité aux terres qui n'en contiennent pas, un à deux centièmes par exemple, par le chaulage ou le marnage, pour que la végétation des bonnes plantes succède à celle des mauvaises; pour que le trèfle, la luzerne et le sainfoin y réussissent mieux; pour que les terres à seigle deviennent propres au froment; pour que les plantes soient moins sujettes à verser.

La chaux, mêlée au sol qui ne la contient pas, produit des effets immédiats en grand nombre: le sol chaulé change en quelque façon de caractère; il prend toutes les propriétés des sols calcaires, devient susceptible de donner tous leurs produits et, sous quelques rapports, il a des avantages sur eux. La nature n'a le plus souvent placé dans les sols que la chaux carbonatée; l'art, en y mettant la chaux plus ou moins caustique, recueille d'abord les effets du carbonate de chaux, puis d'autres encore qui semblent appartenir plus particulièrement à l'emploi de la chaux caustique.

Dans les sols calcaires, une certaine abondance de fumier fait verser la récolte des céréales; dans le sol chaulé, des récoltes aussi belles se soutiennent mieux debout, la paille y conserve plus de fermeté. Les champs chaulés peuvent donc sans inconvénient recevoir une plus forte fumure que les champs calcaires, la grenaison y est aussi meilleure, c'est-à-dire que le poids du grain comparé à celui de la paille y est relativement plus considérable.

Dans les sols calcaires comme dans les sols marnés, lorsque la semaille est faite dans la terre sèche, le froment est sujet à une maladie qui, au moment de la floraison, le fait verser pour ne plus se relever ensuite : cet effet n'a pas lieu dans les sols chaulés.

Dans les sols calcaires le froment est excellent, très-sapide, et donne beaucoup de farine; mais son écorce est épaisse, en sorte que la proportion de son y est plus considérable que dans les terres argilo-siliceuses; ce défaut s'exagère encore dans les sols marnés, dont le principe actif est le carbonate de chaux, comme dans les sols calcaires naturels.

Dans le sol chaulé le grain est plus lourd, plus long; son écorce est plus fine, et la proportion de farine qu'il produit est plus grande que dans les sols calcaires; en sorte qu'il semble que la chaux, en donnant aux sols les qualités des terrains calcaires, ne leur en communique pas les légers inconvénients. En effet, on conçoit qu'une nuance doit les distinguer : les sols calcaires ne renferment guère la chaux qu'à l'état de carbonate; dans les autres sols, la chaux, employée à l'état caustique, forme des combinaisons diverses qui doivent affecter le sol et la végétation d'une manière différente. Chaque composé calcaire semble avoir une manière d'agir qui le distingue; les cendres n'agissent pas comme la chaux, ni le plâtre comme les cendres, ni la marne comme la chaux ; cette diversité d'effet est très-curieuse et très-importante à étudier, mais nous ne pouvons nous en occuper ici. Toutefois nous remarquerons qu'il paraît résulter de quelques observations que la chaux maigre, qui favorise plus spécialement les produits foliacés, fait aussi produire un grain de froment fin et d'une écorce plus épaisse que la chaux grasse, ce qui rapproche son effet de la marne.

Avec ces nuances qui les distinguent, les sols chaulés acquièrent néanmoins des qualités communes en grand nombre avec celles des sols calcaires : ils semblent particulièrement bien disposés pour les produits analogues, pour le froment, les légumineuses fourrages, les fourrages racines, les plantes oléifères, les légumineuses granifères, et pour la plupart des plantes de commerce; comme eux, ils durcissent moins à la sécheresse, se travaillent en tout temps plus facilement, et craignent moins d'être remués ou labourés à contre-temps.

On remarquè encore que les insectes de diverses espèces qui nuisent plus ou moins aux récoltes sont détruits ou du moins que leur nombre est diminué par les chaulages, soit que la chaux vive, par sa causticité, détruise ces insectes ou leurs œufs, soit qu'en faisant périr certaines plantes elle leur ôte leurs principaux moyens de nourriture ou de propagation. La carie devient aussi plus rare sur le sol chaulé, parce que la chaux est un des spécifiques destructeurs du germe qui la propage.

§ II.

Nous pourrions multiplier les faits qui prouvent l'action et l'efficacité de la chaux sur les récoltes, si le cadre consacré à cette partie de notre travail n'était limité. Qu'il nous suffise, avant de passer aux détails qui se rattachent à l'action et au mode d'action de ce corps, suivant les genres de sols sur lesquels il est appliqué, de constater ici les résultats des chaulages qui ont été faits dans trois domaines contigus sur lesquels le propriétaire (1) a employé, depuis 1825 jusqu'à 1833, 3,200 hectolitres de chaux, pour une surface de 32 hectares.

Ces résultats sont représentés aussi clairement que possible dans les tableaux suivants que l'on doit à son obligeance; ils renferment le produit de ses fermes depuis 1822 (trois ans avant les chaulages), jusqu'en l'année 1833.

Les trois domaines se composent de 76 hectares.

(1) M. Armand Mertens.

Produit du domaine **LA BARONNE**, en doubles décalitres ou cinquièmes d'hectolitres.

ANNÉES.	SEIGLE.		FROMENT.	
	Semences.	Produits.	Semences.	Produits.
1822	110	503	22	180
1823	110	652	22	138
1824	110	662	24	149
1825	102	398	32	252
1826	110	612	32	187
1827	107	546	34	204
1828	98	696	85	343
1829	84	608	40	268
1830	91	389	59	374
1831	94	411	40	295
1832	70	512	80	649
1833	75	541	51	491

Produit du domaine de **LA CROISETTE**, en doubles décalitres.

ANNÉES.	SEIGLE.		FROMENT.	
	Semences.	Produits.	Semences.	Produits.
1822	110	600	24	146
1823	110	764	24	136
1824	110	744	24	156
1825	107	406	27	231
1826	106	576	28	210
1827	100	504	30	249
1828	90	634	36	391
1829	82	538	48	309
1830	60	397	60	459
1831	78	350	48	417
1832	53	478	62	816
1833	61	529	58	545

Produit du domaine de **MELZERIAT**, en doubles décalitres.

ANNÉES.	SEIGLE.		FROMENT.	
	Semences.	Produits.	Semences.	Produits.
1822	120	487	16	100
1823	120	708	16	103
1824	120	644	18	84
1825	112	504	28	228
1826	120	677	20	115
1827	115	594	20	162
1828	118	726	40	328
1829	104	566	51	277
1830	79	298	71	477
1831	91	419	43	326
1832	79	411	75	786
1833	76	616	48	351

Les 3,200 hectolitres de chaux ont été successivement répandus dans le cours de neuf années ; le produit brut des céréales était avant les chaulages, dans les trois domaines, semences prélevées : en seigle, de 302 hectolitres, et en froment, de 67 1/2; en estimant le seigle à 12 fr. et le froment à 20 fr. l'hectolitre, le produit était de 3,954 fr. Or les récoltes de neuf années qui ont suivi les chaulages ont produit, à la même estimation, semences prélevées, en seigle et froment, 61,414 fr., d'où retranchant ce qu'on eût récolté pendant 9 ans sans les chaulages, ou 35,586 fr., il reste pour l'accroissement en grains de seigle et de froment, une valeur de 25,828 fr.

Retranchant maintenant 6,000 fr., prix de la chaux, de la main-d'œuvre et de la voiture, il reste 19,828 fr. excédant de produit en céréales d'hiver, dus uniquement à la chaux.

Cet accroissement a eu lieu successivement pendant les huit ans où l'on a répandu la chaux : dans les premières années, on la répandait en petites quantités; mais en 1828, 1829 et 1831, les chaulages ont été très-actifs, en sorte qu'on n'a encore recueilli qu'une ou deux récoltes améliorées.

Pour juger mieux de l'état actuel des choses, nous prendrons le produit en céréales des deux années 1831 et 1832, excluant 1833, à cause de son produit au-dessous de la moyenne ; il s'élève, semences prélevées, à 8,382 fr. par an, d'où retranchant 3,954 fr., produit moyen ancien, il reste 4,428 fr. pour l'accroissement annuel du produit des céréales d'hiver, semences prélevées; mais les autres parties de l'exploitation de toute espèce, en grains, denrées et bestiaux, reçoivent un accroissement de produits au moins égal à celui que nous venons d'apprécier.

Nous sommes donc en droit de conclure que le produit de l'ensemble s'élève au moins au double de l'ancien et nous croyons inutile de citer d'autres exemples pour démontrer que la chaux a une grande action sur le sol et une influence réelle sur l'augmentation des récoltes.

§ III.

Toutes les plantes que nous cultivons renferment de la chaux, toutes paraissent se l'approprier dans le sol pour s'en nourrir. Cependant, plusieurs expérimentateurs habiles ont reconnu qu'elles peuvent se développer dans une terre privée de principe calcaire, lorsque celle-ci renferme de la magnésie, qui peut, jusqu'à un certain point, remplacer la chaux dans les organes des végétaux. L'expérience a néanmoins prouvé que la chaux, appliquée sur de semblables terrains, augmente encore la production en donnant à la végétation plus de force et d'activité.

Toutes les plantes n'absorbent pas la chaux en quantités égales : ainsi, le froment, les plantes racines, etc., ne laissent dans leurs cendres que des traces de chaux; le trèfle, la luzerne, le sainfoin et d'autres végétaux analogues trouvent dans cette substance à peu près la moitié de leur nourriture minérale; c'est ce qui a fait donner à ces dernières le nom de plantes à chaux.

Quoique la proportion de chaux empruntée par les céréales soit relativement très-faible, on ne peut pas en conclure que ce principe reste sans influence sur leur développement. Le froment, par exemple, qui n'en absorbe qu'une minime quantité, se refuse à prendre tout son accroissement dans les terres qui ne peuvent le lui procurer. La conséquence de ce fait est que toutes les récoltes indistinctement aiment à rencontrer la chaux dans le sol et qu'on ne doit jamais, sous aucun prétexte, attendre qu'il en soit complétement privé pour renouveler le chaulage.

§ IV.

Les cultivateurs qui veulent employer l'amendement calcaire à l'amélioration de leurs terres doivent toujours se rappeler que le chaulage a pour effet non-seulement d'y introduire une nouvelle nourriture pour les plantes, mais encore d'exercer les influences les plus opposées sur la structure, c'est-à-dire sur les propriétés physiques du sol.

Appliquée sur des *terres compactes,* la chaux en divise les parties; elle facilite l'évaporation de l'humidité qui s'y trouve en excès et les rend ainsi plus meubles et plus faciles à travailler.

Dans les *terres légères,* au contraire, la chaux sert de lien en agissant comme dans le mortier, c'est-à-dire en donnant de la consistance aux parties qui les composent. Un sol léger chaulé ne fuit plus sous les pieds comme le sol contigu qui n'a pas reçu de chaulage; aussi ces sols, dans lesquels le froment ne pouvait réussir, devenus plus compactes, le produisent abondamment et mieux que le seigle.

Mais ce qu'il y a de bien remarquable, c'est que la consistance donnée au sol par la chaux, ces liens qui enchaînent ses parties, ne sont que temporaires et disparaissent sous l'influence des vicissitudes atmosphériques.

Le sol calcaire jouit de la faculté de se déliter lorsqu'après avoir été séché, il vient à recevoir l'influence de l'humidité : ses molécules se divisent alors et tombent en terre ameublie, de sorte que le travail le plus important de la culture, la division du sol, se fait presque spontanément. Il n'en est pas de même dans les terrains qui ne renferment pas le principe calcaire; le lien que celui-ci donne au sol se rompt par l'action de l'eau et il en résulte un état qui permet aux racines de s'étendre, et aux influences atmosphériques d'exercer leur action sur les molécules terreuses.

On conçoit alors comment il peut arriver qu'en même temps que la chaux donne de la consistance aux sols légers, elle ameublisse et allége les sols tenaces.

Cet ameublissement du sol par la pluie ou même par de fortes rosées ressemble à l'état où la gelée met toutes les espèces de terre pénétrées d'humidité. Lors du dégel, l'argile elle-même fuse et tombe en poussière; cet effet est dû à ce que l'eau en se glaçant dans le sol augmente de volume; lorsque la glace fond, l'eau reprend son volume normal, mais les molécules de terre restent désunies.

La terre calcaire, en se séchant, fait retraite, devient plus dense; lorsque l'eau vient à la pénétrer, elle rencontre l'un des composants du sol qu'elle augmente plus fortement de volume que les autres : chaque molécule de cette espèce en se gonflant fait effort sur les molécules d'autre nature qui la touchent, les désagrège et il en résulte que l'adhérence de toutes les parties de la masse est brisée.

La chaux agit aussi d'une manière toute particulière sur les *terrains de bois défrichés*, sur les *bruyères* et sur les *terrains marécageux*, en détruisant un principe acide ou astringent qui s'y trouve en abondance et qui est nuisible à toute bonne végétation. C'est à cause de leur acidité que les boues d'étang restent souvent pendant plusieurs années sans produire aucun effet sur le sol, si elles n'ont été préalablement mélangées avec une certaine quantité de chaux.

La chaux a encore une action bienfaisante sur les plantes, en favorisant l'absorption de la nourriture minérale qui leur est nécessaire et dont le sol est pourvu. Cette nourriture que les chimistes nomment *alcalis, silicates*, se rencontre abondamment dans les argiles, où elle resterait en quelque sorte inerte, sans la présence de la chaux.

Enfin, la chaux exerce, sous un autre rapport, une influence non moins salutaire sur la végétation. Elle s'unit au terreau et décompose les matières végétales restées jusque-là impropres ou très-peu propres à l'alimentation des plantes; pendant cette décomposition, il se forme des gaz et des sucs nourriciers qui peuvent être prélevés par les récoltes. C'est à cette cause qu'est due en grande partie l'action si extraordinaire de la chaux sur les bruyères des Ardennes et, en général, sur tous les terrains riches en terreau et en matières végétales.

§ V.

Dans l'esprit de plusieurs cultivateurs, la chaux n'a aucune action bienfaisante sur le sol; certains praticiens vont même jusqu'à dire qu'elle en détruit la fertilité; par d'autres, elle est considérée, abstraction faite du fumier et des engrais analogues, comme la substance la plus nécessaire à l'organisation végétale. Quelles sont donc les causes de cette divergence d'opinions? Avec les données que nous possédons sur la matière, il ne nous sera pas impossible de les signaler.

Dans la pratique des chaulages, une des premières conditions de succès est l'égouttement complet du fonds : dans un sol dont les eaux superflues ne s'écoulent pas avec facilité, l'effet de la chaux est presque nul; cet effet se fait sentir, il est vrai, dans les années sèches, mais encore faut-il qu'un temps pluvieux n'ait pas régné pendant les semailles ou pendant le moment de la grande croissance des plantes. Ensuite on ne doit pas se dissimuler que la chaux n'agit, comme la marne, que sur les sols qui ne contiennent pas le principe calcaire libre ou combiné à l'acide carbonique, soit qu'il s'y trouve naturellement, soit qu'il ait été fourni par les chaulages. Lorsque ceux-ci ont amené le sol à un état convenable, les nouvelles doses de chaux qu'on lui applique restent sans effet : alors il s'établit même un préjugé contre elle. L'usage s'en perd donc, s'oublie, et il arrive que cet amendement devient tout à fait inconnu dans des pays et des sols qui en ont tiré les plus grands avantages. Mais pendant les générations qui se succèdent, les doses de chaux s'usent et s'emploient pour la végétation; le sol a bientôt perdu ce qu'on lui avait donné : il reprend son ancienne nature. Il devient donc nécessaire d'avoir recours à cette substance, et les générations nouvelles reviennent aux moyens qui jadis avaient enrichi leurs pères. C'est précisément ce qui arrive au pays des *Pictones* et des *Ædeci* (France), où la chaux se trouve maintenant introduite comme une nouveauté, tandis qu'elle était déjà employée pendant et même avant la domination romaine.

D'un autre côté, les terrains de formation calcaire ne se trouvent souvent que peu ou point améliorés par l'addition d'une certaine proportion de chaux, parce qu'ils la renferment naturellement en quantité suffisante pour entretenir la végétation dans un état prospère et neutraliser les agents nuisibles qui tendent continuellement à se former dans le sol. Cependant, il arrive que le sol renferme des roches calcaires ou des bancs de marne, sans que la couche arable décèle la moindre trace de chaux, soit qu'elle n'en ait jamais contenu, soit que les végétations successives l'aient consommée.

Les caractères extérieurs et la végétation spontanée peuvent donner de bons indices sur la présence du principe calcaire dans les terrains. Nous avons dit précédemment comment les sols calcaires se comportaient sous l'influence des agents atmosphériques; nous avons aussi indiqué quelles étaient les plantes qui y croissaient de préférence, et nous ajouterons que les plantes parasites sont le mélampyre, le coquelicot, l'ononis ou arrête-bœuf, le tussilage, le chardon, etc.

Le sol sans mélange calcaire est souvent sablonneux, et néanmoins, dans cet état, il craint encore beaucoup l'humidité; lorsqu'il est tenace, il se durcit par la sécheresse sans se fondre ensuite par les pluies; dans les terres en labour, il produit avec abondance le chiendent, les agrostis, les rhinantus, la petite matricaire et l'oseille; dans les terres en friche, il se couvre de bruyères, de genêts, de petits ajoncs et de fougères.

Le sol non calcaire, le plus souvent blanchâtre, semble pris en masse, à moins qu'il ne soit très-léger : lorsqu'il est sec, les pluies l'attendrissent sans le faire fuser; il craint la sécheresse et l'humidité, ne peut se travailler que par un temps tout à fait favorable; il ne s'ameublit que par le travail ou la gelée, se prend en masse par les pluies et ne semble pas devoir être facilement pénétré par les influences atmosphériques. Le sol calcaire, ou modifié par les agents calcaires comme nous l'avons vu, se comporte tout différemment: les sols marneux et crayeux font exception pour une partie des indices extérieurs, mais ils ne peuvent être confondus.

La chaux se présente le plus souvent dans le sol à l'état de carbonate; sous cette forme, les acides y déterminent presque toujours une effervescence qui ne laisse aucun doute sur sa présence; mais si la chaux se trouve dans le sol à l'état de silicate de chaux ou à l'état de dolomie, alors l'effervescence n'a plus lieu: dans ce cas, la chaux ne paraît pas développer autant d'activité dans la végétation qu'à l'état de carbonate ou à l'état caustique; toutefois les chaulages et les marnages semblent y produire peu d'effet; mais les caractères extérieurs et, au besoin, un essai en petit de marnage ou de chaulage, lèvent tous les doutes.

Après avoir reconnu sur le sol la plupart des caractères qui demandent des agents calcaires, des essais en petit sur plusieurs points de l'exploitation sont tout à fait convenables, avant de se jeter à corps perdu dans de grandes dépenses de chaux ou dans de grands charrois de marne. Le temps et la patience sont dans le monde de grands moyens de succès, et l'on voit avorter dix fois plus d'entreprises par trop de précipitation que par trop de lenteur dans l'exécution.

La chaux, quoique produisant de bons effets sur une terre, finit cependant par la rendre moins apte à la culture des céréales, si l'on ne fait usage en même temps de fumures plus copieuses. C'est une remarque qui s'est maintes fois représentée dans la pratique agricole et qui a fait naître ce proverbe: *La chaux enrichit le père et ruine les enfants.* Heureusement il est facile de faire mentir le proverbe.

Plus une terre produit, plus elle s'appauvrit des sucs nourriciers qu'elle contenait et plus aussi on doit lui fournir d'engrais. Si la chaux, appliquée sur une terre, lui fait rendre 25 hectolitres de grains alors qu'avant l'introduction du calcaire elle n'en donnait que 20, il est évident qu'il faudra lui restituer le fumier enlevé non pas en raison de 20 hectolitres, mais bien en raison de 25 hectolitres. L'augmentation de récolte est ici d'un cinquième; l'augmentation des engrais devra se faire dans la même proportion, autrement on finit par épuiser.

Le cultivateur est trop souvent tenté d'abuser de la fertilité que fait naître l'emploi de la chaux; il pense, à tort, que cet amendement suffit pour maintenir le sol en voie d'amélioration, et c'est une bien grave erreur contre laquelle on doit le prémunir,

On dit aussi : *La chaux n'enrichit que les vieillards.* Ce dicton a certainement un fondement; des faits observés sur un grand nombre de points, l'auront fait répéter et l'auront mis en crédit. Ces faits se reproduiront probablement dans quelques localités : ce sera, lorsque, par un faux calcul, le cultivateur, abusant de la fécondité qu'il vient de créer, voudra faire produire à la terre, sans compensation, tout ce qu'elle est capable de rapporter.

Mais si l'on tient compte de ce que nous avons dit plus haut; si l'on sait profiter de l'augmentation des engrais animaux produits par un assolement combiné avec intelligence, non-seulement on conservera au sol sa nouvelle fécondité, mais on finira pour ainsi dire par la lui rendre naturelle, comme il est arrivé dans le pays où le chaulage est mis depuis longtemps en pratique.

L'expérience a partout établi que la chaux employée avec mesure et discernement, apporte au sol presque tous les avantages sans amener aucun inconvénient. Mais lorsque le chaulage donne, pendant une génération, des produits abondants et souvent répétés; lorsque les récoltes épuisantes se succèdent sans qu'on rende à la terre des engrais suffisants, la fécondité doit nécessairement diminuer. On voit les produits s'affaiblir successivement, et on accuse la chaux, alors même qu'ils sont encore supérieurs à ceux qu'on obtenait avant le chaulage. On a mis en oubli l'ancienne infécondité et l'on se plaint d'y revenir. On se plaint de la chaux dont le sol ne contient plus que quelques parcelles. Mais c'est vous-mêmes que vous devriez accuser, car vous avez abusé des forces que vous avez créées. Recommencez à chauler et vous retrouverez de bonnes récoltes. Mais si, après un nouveau chaulage, vous demandez une nouvelle succession de produits épuisants, et surtout si vous n'employez pas plus d'engrais, vous retomberez plus vite que la première fois, car c'est dans la parcimonie apportée aux engrais qu'est le véritable défaut de votre culture. Même dans ce dernier cas le mal est facilement réparable, et le sol, quoiqu'un peu moins riche, offre encore plus de ressources qu'avant le chaulage. Avec des engrais animaux, des engrais verts, en lui demandant des fourrages plutôt que des grains, enfin avec un peu de peine et de temps, il reviendra à des produits qu'une culture prudente eût toujours obtenus.

CHAPITRE III.

MOYENS D'APPLIQUER LA CHAUX SUR LE SOL AVEC LE PLUS D'AVANTAGES.

Les meilleures instructions pour former à une bonne pratique dans un procédé nouveau ou peu répandu, se puisent dans les connaissances des usages des diverses contrées où le procédé qu'on veut adopter est établi. Nous nous baserons donc sur ce que nous avons trouvé de plus remarquable dans les chaulages de nos différentes provinces; de cette manière il nous sera possible d'appuyer sur des faits acquis les considérations que nous aurons lieu d'émettre.

Comment, sous quelle forme et à quelle époque convient-il d'appliquer la chaux sur les terres? Il ne parait pas y avoir d'opinion arrêtée sur cette question ; cependant elle est très-importante et les données pratiques sont, à ce qu'il semble, assez nombreuses pour résoudre les doutes.

Les méthodes le plus généralement suivies pour procurer l'élément calcaire au sol se réduisent à deux : la première consiste à appliquer la chaux fusée directement sur les terres, soit à l'état caustique, soit à l'état de chaux fusée ; et la seconde, à l'utiliser en compost, c'est-à-dire en mélange avec une certaine proportion de substances renfermant quelques principes fécondants. Or ces méthodes ayant des avantages et des inconvénients qui leur sont propres, il nous paraît essentiel de les examiner chacune en particulier.

§ Ier.

La chaux appliquée directement sur les terres se dépose ordinairement en pierre par petits tas, plus ou moins distancés les uns des autres, suivant l'abondance du chaulage. Cette chaux reste en pierre jusqu'à ce qu'une pluie vienne la réduire en poussière; c'est alors seulement qu'on la répand sur le sol aussi également que possible, au moyen d'une pelle.

La chaux se dépose aussi sur les terres après avoir été préalablement fusée, soit que cette fusion ait eu lieu au four même, soit qu'elle se soit opérée dans l'exploitation même, sous l'influence des pluies ou de l'humidité de l'air.

Un autre procédé dont les avantages ne nous paraissent pas avoir été suffisamment appréciés et qui est encore peu connu en Belgique, consiste à transporter la chaux en pierre sur les champs, et à la mettre en petits tas que l'on recouvre immédiatement de terre : on répand en mélange lorsque la fusion est accomplie. Pendant les huit ou dix jours nécessaires à la réduction de la chaux en poussière, on visite fréquemment les tas et l'on remet de la terre sur les fentes qu'a produites la chaux en se gonflant. Avant de répandre, on recoupe le tas pour opérer le mélange avec la terre, le tout après quelques jours d'attente, avant les labours d'été. Ces manipulations sont plutôt recommandées qu'exécutées, quoiqu'elles soient d'une grande importance et assurent l'effet de la chaux sur la première récolte.

Outre cet effet, le mélange de la chaux avec la terre en produit encore d'autres relatifs au succès et à la facilité de l'emploi.

La chaux recouverte par la terre ne reçoit pas immédiatement les fortes pluies; la terre dont le volume est six à huit fois plus considérable, en prend la plus grande partie et la transmet peu à peu à la chaux, qui n'est avide d'eau que jusqu'à sa réduction en poussière. Lorsqu'au contraire la chaux est placée isolément sur le sol, après avoir absorbé l'eau nécessaire à son délitement, sous l'influence de nouvelles pluies, elle se réduit en pâte, se grumelle et comme, une fois en grumeaux, elle ne peut plus se diviser et entrer en contact avec toutes les parties de la surface, son effet est presque nul, à moins que la dose ne soit très-forte. Il est donc bien utile, surtout dans les saisons pluvieuses, de la recouvrir de terre.

§ II.

Lorsqu'on fait intervenir la chaux dans la formation des composts, ceux-ci se composent ordinairement de terreaux de cours, de curures de fossés et de mares, de terres de jardin, de gazons et enfin de débris végétaux de toute espèce; à défaut de ces terreaux, on emploie la terre du champ qu'on veut chauler; la quantité de terre à employer doit être de six à huit fois le volume de la chaux en pierre; on en forme des monceaux qu'on dispose par lits alternatifs de terre et de chaux : au bout de huit à dix jours, on coupe le tas pour le mélanger, et on le remanie au moins encore une fois avant de l'employer.

Ces composts doivent être prêts vers la fin de l'été : on les conduit sur le labour de semailles, et après les avoir répandus sur le sol, on les enterre en même temps que la semence, par des hersages énergiques.

Lorsque la terre est épuisée, il est quelquefois bon d'employer les composts en même temps que le fumier; dans ce cas les tas de composts doivent être placés par rangs alternatifs avec ceux de fumier. On épanche le fumier le premier et immédiatement; après, lorsque le temps est sec, on répand la chaux terreautée avec une pelle en bois; enfin on recouvre le tout par un labour et on sème. Cependant, il est à remarquer que cette pratique ne peut pas être avantageuse partout : ainsi, dans les localités où le sol est naturellement fertile, elle aurait probablement pour inconvénient de provoquer un tel accroissement dans la végétation que les récoltes ne pourraient résister au fléchissement avant d'être parvenues à maturité. Il est donc préférable en pareille circonstance de suivre la coutume des cultivateurs des provinces de Brabant et de Hainaut, dont le principe consiste à ne jamais appliquer les composts que plusieurs années après la fumure et seulement sur des terres destinées à des récoltes dont l'action épuisante est supérieure à l'action fécondante des anciens fumiers qui s'y trouvent encore, mais en trop petite quantité pour assurer la réussite des produits.

On voit souvent dans la cour d'une foule d'exploitations un compost en travail, placé dans un lieu à ce destiné, qu'on appelle *croupissoir;* on le fabrique pendant toute l'année par lits alternatifs de chaux, de gazons, de mauvaises herbes, de terreaux, de curures de fossés et de tout ce qu'on peut avoir de terres. Le grand avantage des composts de cette espèce est qu'on peut les faire pendant tout le cours de l'année avec la plus grande facilité, qu'on les a toujours à sa disposition, et qu'ils sont d'autant meilleurs qu'ils sont plus anciens On peut alors les employer dans la culture alterne pour les semailles d'automne, pour celles de printemps et même pour les récoltes dérobées après la moisson.

On conçoit l'effet instantané de la chaux sur les récoltes dans ce procédé; mêlée de six à huit fois son volume de matières fertilisantes ou de terre, elle peut, quoiqu'à petite dose, se répartir également sur tout le sol et lui imprimer une action énergique. D'un autre côté, le grain germe et pousse ses racines dans une couche de chaux terreautée; toutes les conditions se trouvent réunies pour un prompt effet sur la végétation; c'est là, ce nous semble, une des plus heureuses combinaisons agricoles qu'il soit possible de faire.

La manière dont on forme les composts en Belgique est à peu près uniforme: partout ils sont composés de chaux, de terres, de débris végétaux, de boues de chemins, de vases, etc., etc. Il existe cependant quelques exceptions qu'il est bon de signaler. C'est ainsi que dans une partie de la province d'Anvers la plupart des composts sont formés de chaux et de tourbe; c'est ainsi encore que, dans le 1er et le 5e districts agricoles de la Flandre occidentale, on mélange la chaux avec les urines, le produit des vidanges et le fumier; et que, dans la province de Luxembourg, on étend la chaux sur le sol en même temps que le fumier.

Le mélange de la chaux avec la tourbe nous paraît être une des innovations les plus heureuses que l'on puisse introduire dans la culture des terres légères, innovation à l'aide de laquelle il est possible de retirer les grands avantages des amendements calcaires sans en éprouver les inconvénients. A la vérité, les frais d'un pareil travail sont supérieurs à ceux qu'occasionnerait toute autre espèce de chaulage, mais ils sont loin d'être aussi grands, aussi ruineux qu'on pourrait le croire et ne doivent nullement effrayer le cultivateur.

En effet, la dépense d'un compost, tel que nous venons de le désigner, se réduit à l'achat de la chaux, l'extraction de la tourbe, la perte du fond d'où on l'extrait et le charroi : un hectare de pré de 60 à 90 centimètres d'épaisseur peut fournir la tourbe nécessaire à un compost qui, avec la chaux, produirait un volume de 14,000 mètres cubes; or ce volume répandu à la dose de 50 mètres cubes par hectare en amenderait 280; mais ce fonds serait payé cher à 1,500 fr. l'hectare; c'est donc par hectare 5 fr. pour le fonds perdu ou avarié, à quoi ajoutant 50 fr. de chaux, 20 fr. d'extraction et de main-d'œuvre, 25 fr. de charroi et de main-d'œuvre, on a 100 fr. de dépenses par hectare; si on en ôte la valeur de l'engrais qu'aurait reçu le fonds, et qu'on emploie ailleurs, valeur qui ne peut guère s'estimer moins de 80 fr., la dépense se réduit à 20 fr., qui se trouvent déjà amplement remboursés par le surplus de produits en froment, seigle, avoine et autres récoltes de la première année.

Cette amélioration est aussi importante sous le rapport de l'humus et de l'argile donnés à ces champs que sous celui de la chaux.

Généralement, la tourbe contient à peu près 80 p. % d'humus, le reste est de l'argile sablonneuse; ce mélange d'humus argileux avec la chaux, incorporé au sol, suffit pour lui donner de la consistance, et lorsqu'on marche sur les parties qui ont reçu cet amendement, la terre résiste beaucoup mieux sous les pieds que sur les champs voisins de même nature où on n'a mis que du fumier. La terre a reçu par cet engrais 2 p. °/₀ d'humus, quantité qui peut suffire pour un long espace de temps et qui est supérieure à celle que renferment un grand nombre de bons sols. Cette méthode augmente à peine de moitié la dépense de la chaux; mais nous ne doutons pas que les effets du chaulage sur les sols sablonneux et graveleux ne soient au moins doublés en intensité et en durée par son alliance avec la tourbe.

Il paraît donc certain qu'il y aurait de grands avantages à exploiter la tourbe partout où on la trouve et de la mélanger avec la chaux pour l'amendement de tous les terrains légers qui semblent redouter son application directe sans intermédiaire. Sous ce rapport, les provinces de Limbourg et d'Anvers sont placées dans une position exceptionnelle. Peut-être même les champs *cultivés* de l'Ardenne trouveraient-ils dans ce procédé les moyens d'acquérir une fertilité jusqu'ici inconnue, à cause de la pénurie d'engrais qui s'y est toujours fait sentir.

Nous venons de recommander une méthode profitable empruntée à la province d'Anvers, nous ferons maintenant tous nos efforts pour anéantir celle qui a pour objet le mélange de la chaux avec le fumier, les urines, le produit des vidanges et enfin avec toute espèce de matière qui renferme des principes ammoniacaux, car elle détruit souvent en quelques semaines, en quelques jours et même en quelques heures la partie la plus importante, la plus active de ces précieux engrais et compromet ainsi manifestement les intérêts des cultivateurs qui s'y soumettent aveuglément.

L'ammoniaque est un des agents les plus nutritifs et les plus utiles aux plantes; c'est ce gaz qui prend si fortement aux yeux et au nez lorsqu'on nettoie les bergeries et que le cultivateur doit éviter de laisser perdre. Or, lorsque la chaux se trouve en contact avec les engrais qui viennent d'être signalés, elle a la propriété de chasser ce gaz qui s'y trouve en grande abondance; de sorte qu'en faisant des composts de chaux, de fumier, d'urine, etc., on arrive précisément à un résultat contraire à celui qu'on croyait obtenir; c'est-à-dire qu'au lieu de produire de nouveaux aliments pour les plantes, on a perdu, par imprévoyance, ceux que l'on possédait déjà.

On a remarqué que le fumier mélangé avec de la chaux produit plus d'effet sur les terres que lorsqu'il est employé seul, et l'on en tire volontiers cette conséquence qu'il est préférable en toute circonstance d'opérer le mélange. Ce fait doit-il nous surprendre? Nullement; nous serions même fort étonné qu'il ne fût pas exact, car il est évident qu'une terre qui éprouve un grand besoin de chaux doit se trouver bien moins améliorée si elle reçoit le fumier seul, plutôt que de le recevoir en mélange avec la chaux, puisque celle-ci produit souvent plus d'effet que le fumier lui-même. L'observation ne prouve donc pas en faveur de l'opinion qu'elle a fait naître; elle démontre tout simplement que le sol avait plus besoin de chaux que de fumier. Nous sommes convaincu que si l'on faisait deux expériences dont l'une consisterait à fournir à un hectare de terre 20 hectolitres de chaux en même temps que 20,000 kilogrammes de fumier, et l'autre à appliquer une égale quantité de fumier sur une même surface de terre qui aurait été chaulée une année ou deux auparavant, l'avantage en faveur de cette dernière serait très-remarquable, surtout si les essais se continuaient pendant tout le cours de la rotation.

Un autre inconvénient non moins préjudiciable d'employer le fumier avec la chaux en composts par lits alternatifs, c'est que cette dernière substance active trop puissamment la décomposition de la première, ce qui lui fait perdre de ses propriétés fertilisantes. L'engrais agit sans doute avec plus de force la première année; mais, par contre, il n'a qu'une courte durée, et il en résulte par la suite une diminution considérable dans le produit des récoltes. Voilà comment il peut se faire qu'on accuse la chaux de diminuer la fertilité du sol, tandis qu'on devrait s'en prendre aux procédés vicieux dont on fait usage.

En somme, pour en finir sur la question de savoir sous

quelle forme il convient d'appliquer la chaux sur les terres, nous dirons que, à part quelques exceptions, il est essentiel de la mettre en composts chaque fois que les circonstances le permettent, non-seulement afin de l'économiser, mais encore pour rendre le chaulage plus efficace et moins sujet aux vicissitudes atmosphériques.

Ces exceptions se rapportent exclusivement aux terrains qui sont surchargés de matières végétales actives, tels que bruyères, bois défrichés, sols tourbeux et marécageux desséchés, etc., aux terrains très-argileux et aux terrains compactes ou froids. Lorsque ces cas se présentent, la chaux pure récemment fusée, répandue sur le sol, comme nous l'avons indiqué, et enterrée par un léger labour ou un fort hersage, peut être très-utile et même préférable à la chaux terreautée. Dans toute autre circonstance, les composts doivent être préférés, et cette recommandation est surtout importante pour les terres légères ou sablonneuses des Flandres, de la Campine et des provinces de Luxembourg et d'Anvers.

§ III.

Lorsque la chaux est répandue sur le sol, quel que soit l'état sous lequel elle est appliquée, un ou plusieurs hersages servent à la répartir uniformément, et on l'enterre par un labour superficiel de 7 ou 8 centimètres au plus; un labour profond éloignerait la chaux de la couche qui fournit le plus à la végétation, un second la ramènerait ensuite à la surface. Il faut donc en quelque sorte soutenir la chaux dans la couche labourable, tandis qu'enterrée par un labour peu profond, les labours suivants de profondeur ordinaire la mêlent à la couche végétale, sans l'enterrer trop profondément ni la ramener à la surface; les parties ténues de la chaux tendent naturellement à s'enfoncer en glissant entre ses molécules sablonneuses, jusqu'à ce qu'elles arrivent à la surface non remuée, où elles s'arrêtent; lorsque la chaux vient à s'y trouver en quelque abondance, elle satisfait à ses affinités pour la silice; elle se prend en une espèce de mortier et forme un plancher qui résiste à l'action de la charrue et au passage des eaux surabondantes.

Une autre précaution tout aussi indispensable et que nous ne nous lassons pas de recommander, c'est qu'il faut que la chaux ne reçoive pas assez d'eau pour tomber en pâte, parce qu'alors il est impossible que toute la surface puisse en être couverte ; son effet se trouve en grande partie paralysé, et ni le temps ni les labours ne parviennent jamais complétement à la diviser. Lorsqu'on l'emploie en composts ou qu'on l'a mêlée avec une couche de terre qui équivaut de six à dix fois son volume, cet inconvénient très-grand ne peut jamais exister : une fois que le mélange est achevé, on a une espèce de poussière grise comme les cendres, qui ne peut plus se grumeler à la pluie et qui reste toujours divisée et en état d'agir sur toutes les parties du sol : cependant lorsqu'on répand cette poussière, comme lorsqu'on répand la chaux, il faut, avant de la recouvrir par un labour, éviter autant que possible que la pluie la mouille; mais lorsque le temps est beau, il y a avantage à la laisser pendant un jour au soleil : il semble que son action en soit augmentée; dans tous les cas, il est nécessaire que le sol qu'on chaule ne soit pas marécageux, ou que, s'il l'a été, la couche végétale soit du moins bien assainie. Si le sol, sans être marécageux, est seulement très-humide, l'eau qui reste à la surface, sans s'écouler naturellement, empêche et annihile l'effet de la chaux. La condition préliminaire et absolument nécessaire du chaulage est donc que la couche labourable puisse écouler ses eaux surabondantes dans le sous-sol, ou par des pentes naturelles ou artificielles.

Ainsi, dans un sol très-argileux, un labour profond préliminaire est une excellente préparation pour le chaulage, parce que ce labour rend perméable une plus grande épaisseur du sol et que la couche qui alimente spécialement les céréales s'égoutte alors plus facilement.

§ IV.

L'époque des chaulages doit être entièrement subordonnée au système d'assolement qui est suivi dans chaque exploitation. On doit toujours choisir pour ces opérations les moments les plus propres aux charrois, les moments où la terre est suffisamment ressuyée, pour être abordée par les voitures sans être endommagée.

Là où la jachère est maintenue, on a la plus grande facilité d'appliquer la chaux sur le sol au printemps et de l'y mélanger par des labours d'été, combinés de telle sorte que celle-ci soit ramenée, au moment de l'ensemencement, à la partie supérieure de la couche arable.

Pour la culture alterne, il est plus difficile de préciser l'époque à laquelle il convient d'appliquer la chaux. Cette culture est si active et exige tant de travaux que c'est à peine si elle laisse quelques jours de repos au cultivateur. Cependant, il existe toujours des moments de loisir dont on peut profiter pour exécuter le charroi des amendements calcaires et les mêler à la couche de terre arable. Ainsi, après les récoltes de lin, de colza, de lupuline, de spergule et de trèfle blanc pâturé, le sol est en état de recevoir la chaux et tous les labours préparatoires bien avant l'époque des semailles d'automne. La même facilité existe à l'égard des terres dont la récolte se fait en automne et qui doivent recevoir des ensemencements de printemps.

On peut encore, comme cela se pratique en Condroz et dans certaines parties des provinces de Hainaut, de Brabant, de Limbourg et de la Flandre orientale, chauler sans inconvénients les trèfles et les jeunes grains en couverture; mais, à cet effet, il faut que la chaux soit terreautée, bien divisée et préparée longtemps à l'avance. A l'aide de ce moyen on a la faculté, pour ce qui regarde les céréales, d'engraisser les terres longtemps après la semaille et de renforcer ainsi le grain qui n'avait pu recevoir en temps opportun le fumier qui lui était nécessaire.

Un point qu'il est essentiel de ne pas perdre de vue, c'est qu'il n'est pas indifférent de procurer la chaux aux terres, sous toutes les formes, sans établir de distinction dans les plantes que l'on désire y cultiver. En Condroz, par exemple, l'expérience a constaté que l'épeautre est moins grainée lorsqu'elle a crû sur un champ récemment chaulé; cela tient à ce que la dose de chaux employée est trop forte et que cette substance, étant appliquée sans avoir été préalablement associée avec de la terre, produit une action trop énergique sur le sol. Cet inconvénient n'existe pas pour la chaux terreautée; il n'est pas, que nous sachions, un seul fait agricole qui en démente l'utilité pour toute espèce de récoltes, pas un canton où la chaux employée de cette manière ait amené à la suite, des symptômes d'épuisement, la carie, le versement des récoltes ou l'avortement du fruit des céréales.

L'avoine et le seigle se plaisent mieux que le froment et l'épeautre dans un terrain qui a reçu nouvellement de la chaux non terreautée et dont la couche arable est légère, sèche et meuble; il convient donc, lorsqu'il y a impossibilité de former des composts, de l'administrer pour ces récoltes plutôt que pour les deux autres, en ayant soin toutefois d'en ménager la dose et de la mélanger intimement avec le sol avant l'ensemencement.

Il n'y aurait pas non plus d'inconvénients, sauf celui que nous avons signalé antérieurement, de procurer, soit en hiver, soit au printemps, les engrais calcaires dans leur état de pureté, aux récoltes de trèfles rouge et blanc, de luzerne, de sainfoin et de lupuline, car ce sont les plantes qui craignent le moins la chaux et qui en profitent le plus. Mais, nous regrettons de devoir le dire, ces recommandations, ces conseils n'ont pas toute la valeur que nous voudrions pouvoir leur assigner; il est trop difficile de déterminer les époques et les récoltes auxquelles il convient d'appliquer la chaux; cette connaissance dépend trop des circonstances inhérentes à chaque exploitation, pour que nous puissions nous prononcer d'une manière définitive et assurée à cet égard : les systèmes de culture, la faculté ou l'impossibilité de faire des composts, l'état d'humidité ou de sécheresse des saisons, l'éloignement des terres et des lieux où l'on fabrique la chaux, tout cela influe sur les règles à suivre. Nous abandonnerons donc à nos lecteurs le soin de faire un choix dans les procédés que nous avons indiqués, avec cette conviction que leur sagacité et leur jugement suppléeront à ce que notre travail laisse à désirer.

CHAPITRE IV.

DU DOSAGE DE LA CHAUX.

§ Ier.

Nous avons vu que la condition de succès de la chaux dans un sol, est que ce sol n'en contienne point ou du moins pas assez pour que sa présence produise un effet sensible : dans ce cas, la chaux est un principe nécessaire au sol pour qu'il puisse développer toutes ses forces, et lorsqu'on l'y apporte, sa présence y détermine un changement de nature et une grande élévation de ses produits.

Mais à quelle dose doit-elle être ajoutée au sol ? Les quantités varient beaucoup suivant l'emploi des procédés usités.

Pour les provinces de Brabant, de Liége et de Hainaut, la quantité de chaux employée est en moyenne de 40 à 60 hectolitres par hectare, pour un terme de six années ou de 7 à 10 hectolitres par année. Dans les 1er, 7e et 8e districts agricoles de la province de Namur et dans les 5e et 15e districts de la province de Luxembourg, cette quantité est de 20 hectolitres par hectare et par an. Enfin, dans les 4e et 5e districts de la Flandre occidentale les doses de chaux s'élèvent respectivement à 26 et à 34 hectolitres par hectare et par année. Que conclure de ces chiffres? Aucune lumière positive ne peut en jaillir; ils nous prouvent seulement que le but des chaulages a été, dans beaucoup de contrées, aussi mal saisi que mal interprété.

On nous dit tous les jours que la chaux est nuisible

aux terres légères; qu'elle brûle les plantes; qu'elle empèche la fructification des céréales, etc. Cette assertion doit-elle nous surprendre? Lorsqu'on voit appliquer 500 hectolitres de chaux pure sur un hectare de terre pour un terme de 15 années, alors que 60 ou 70 hectolitres eussent été plus que suffisants pour arriver au but que l'on veut atteindre par l'emploi des amendements calcaires, il est difficile de ne pas être convaincu du fait sans la moindre explication.

Disons donc, avant d'aller plus loin, que des doses aussi considérables ne doivent jamais, dans aucun cas et sous aucun prétexte, être confiées au sol : il est toujours imprudent, dangereux, quel que soit le sol et la durée du chaulage, de dépasser le chiffre de 100 hectolitres par hectare.

La chaux se comporte comme tous les engrais; prodiguez-la, elle ne produit plus qu'un effet défavorable sur la végétation, car la plante se conduit comme l'animal. Il faut donc que l'agriculteur connaisse la quantité de nourriture qu'il doit donner à ses terres, comme il connaît celle qui est nécessaire à son bétail. Cette connaissance une fois acquise, il ne s'exposera plus à les détériorer par un excès de chaux, et leur fécondité compromise se rétablira.

Appliquée à forte dose sur le sol, la chaux y détermine une trop forte réaction; elle décompose trop rapidement les engrais et chasse l'ammoniaque que renferme toujours le fumier contenu dans la terre et que l'argile retient entre ses pores. Voilà ce qui explique ses effets désastreux lorsqu'on l'emploie sans précaution; voilà aussi pourquoi il faut sérieusement éviter l'application de la chaux en forte quantité.

Plus le sol est léger ou sec, moins la proportion de chaux à employer doit être élevée : son effet est plus immédiat, plus énergique avec l'une ou l'autre et surtout avec la réunion de ces deux circonstances.

On conçoit que, mise à trop forte dose, elle puisse devenir nuisible à ces deux variétés de sol; mais appliquée avec mesure, elle y est aussi productive, aussi efficace que dans un sol argileux. D'autres causes peuvent encore nécessiter des variations dans les doses : plus forte dans les sols argileux, elle doit aussi s'accroître dans les sols et les contrées humides; elle doit s'augmenter encore avec la profondeur des labours; enfin, il importe de ne pas oublier qu'avec des quantités plus fortes et des labours plus profonds, la chaux facilite l'égouttement et l'assainissement du sol.

§ II.

La quantité de chaux la plus avantageuse pour l'amendement du sol nous paraît être de 6 à 8 hectolitres pour les terres argileuses, et de 4 à 6 hectolitres pour les terres sablonneuses ou légères, par hectare et par année. Si cette chaux devait être employée dans la formation des composts, on peut en diminuer la quantité d'un hectolitre de part et d'autre.

Plus souvent les chaulages sont renouvelés, plus ils sont efficaces; nous voudrions donc voir recommencer l'opération tous les trois ou tous les six ans, jamais au delà. Ainsi, en prenant pour base les données qui précèdent, s'il s'agissait de fournir l'élément calcaire à une terre argileuse pour un terme de trois années, la dose de chaux à employer serait de 18 à 24 hectolitres à son état naturel et de 15 à 21 hectolitres en composts. Si ce terme devait s'étendre à six années, la dose serait alors de 36 à 48 et de 30 à 42 hectolitres.

Ces chiffres, que nous posons ici comme les seuls rationnels, comme les seuls admissibles, nous sont dictés par les expériences qui ont été faites tant à l'étranger que dans notre pays; les quantités de chaux qu'ils représentent sont nécessaires à tous les sols, ceux naturellement calcaires exceptés, pour les amener au plus haut point de fertilité. Toute cette chaux n'est cependant pas enlevée par les récoltes : outre qu'une partie forme une combinaison stable avec l'argile et n'exerce plus qu'une très-faible action sur les plantes, une autre partie est entraînée par les eaux dans les couches inférieures et mise ainsi hors de la portée des racines : tout cela prouve encore combien il est nécessaire de ménager les doses pour pouvoir les renouveler plus souvent.

Un fort chaulage, nous le répétons, convient pour imprimer un mouvement vigoureux dans les terrains compactes, dans les bois défrichés, dans les bruyères, et en général dans toutes les terres qui n'ont pas encore été soumises à cette opération ; mais une fois ce mouvement produit, les chaulages à petites doses et souvent renouvelés sont de rigueur.

Le procédé que nous recommandons a cet immense avantage, qu'il n'expose jamais le cultivateur aux pertes qui résultent trop souvent d'une application de chaux immodérée. A la vérité il exige des frais de main-d'œuvre un peu plus considérables, mais ils sont largement compensés par les profits que l'on retire d'un capital qu'on n'est pas obligé de consacrer aux exigences d'un chaulage à long terme.

En somme, avec la proportion de chaux la plus faible nous obtenons le plus grand résultat proportionnel, et le but de toutes les améliorations agricoles est atteint : beaucoup produire et peut dépenser.

RÉSUMÉ.

Afin d'être plus clair et plus précis, nous allons résumer dans un cadre restreint les principaux faits qui ont fixé notre attention dans le cours de ce travail :

1° La chaux est à la fois un engrais, un amendement et un stimulant. Comme *engrais*, elle agit en cédant aux plantes un principe calcaire qui sert à constituer les graines et à former le squelette des tiges; comme *amendement*, elle apporte des modifications dans la texture du sol; elle rend le terrain meuble plus consistant et le terrain argileux moins compacte; enfin, comme *stimulant*, elle produit des effets, en réagissant sur les principes utiles de l'argile, en se combinant à une partie de l'humus ou du terreau et en décomposant les matières végétales et animales, même les plus coriaces et les plus inertes, qui s'y trouvent associées : de cette action résultent des gaz et des agents nourriciers très-propres à alimenter les récoltes. Elle agit encore comme stimulant en détruisant dans le sol les insectes et les substances nuisibles à la végétation ;

2° La chaux chasse et met en liberté l'ammoniaque du sol et des engrais : c'est pourquoi on doit toujours éviter de la mélanger avec les matières qui la renferment en grande abondance, telles que le fumier, l'urine, les matières fécales, etc.; il est donc préférable de la mélanger avec de la terre ou d'autres substances analogues pour en former des composts, plutôt que de l'appliquer directement sur le sol à son état de pureté ;

3° La chaux exerce une influence des plus heureuses *sur tous les sols* qui ne renferment pas le principe calcaire en quantité voulue, qui sont convenablement égouttés et qui contiennent suffisamment d'engrais ou d'humus pour satisfaire à l'avidité des plantes cultivées;

4° La chaux peut être répandue sur les terres en mélange et pure. Lorsque les circonstances le permettent, il est toujours préférable de l'appliquer en composts, parce que, d'une part, elle offre moins d'inconvénients pour les récoltes et que, de l'autre, elle exerce une action à la fois plus efficace et d'une plus longue durée. S'il y a impossibilité de former des composts, il faut alors la conduire sur les champs à l'état caustique et la déposer par petits tas qu'il est essentiel de recouvrir de terre pour la laisser fuser à l'abri de l'air. Dans ce cas, lorsque sa réduction en poussière est bien opérée, avant de la répandre on la mélange parfaitement avec la terre qui la recouvre.

5° La chaux doit être employée à petites doses, souvent renouvelées; cette règle doit surtout être observée pour les sols légers, sablonneux, graveleux, etc. De fortes doses pour une longue suite d'années ne peuvent être avantageuses que dans des circonstances tout à fait exceptionnelles. Il n'y a guère que les bruyères, les terrains très-compactes et les terrains surchargés de matières végétales, qui n'ont jamais été soumis au chaulage, auxquels de grandes quantités de chaux pure peuvent être convenables. En tous cas, les plus fortes doses ne doivent jamais dépasser 80 ou 100 hectolitres par hectare, quels que soient le sol et le terme assigné au renouvellement de l'opération.

Les doses de chaux les plus profitables sont de 6 à 8, de 18 à 24 et de 36 à 48 hectolitres pour une, trois ou six années dans les terrains argileux, et de 4 à 6, de 12 à 18 et de 24 à 36 hectolitres dans les terrains légers ou sablonneux. Lorsqu'on emploie la chaux en composts, ces chiffres peuvent encore subir une réduction d'un cinquième environ.

FIN.

TABLE DES MATIÈRES.

Pages.

AVANT-PROPOS. 5
CHAPITRE I. — Considérations préliminaires sur la chaux. 7
— II. — De l'action et du mode d'action de la chaux. 10
— III. — Moyens d'appliquer la chaux sur le sol avec le plus d'avantages. . . 23
— IV. — Du dosage de la chaux. 34
RÉSUMÉ. 37

BIBLIOTHÈQUE RURALE,

INSTITUÉE PAR ARRÊTÉ ROYAL DU 15 SEPTEMBRE 1848.

CONDITIONS DE PUBLICATION.

La *Bibliothèque Rurale* est imprimée en français et en flamand : Le prix de haque volume est fixé, lors de la publication, d'après le nombre de feuilles, ***à raison de 50 centimes pour 120 pages environ.***

Les ouvrages seront remis *franco* aux personnes qui en feront la demande.

Un dépôt en est établi dans les principales communes du royaume et chez les Présidents des Comices agricoles.

Les Directeurs de ces dépôts peuvent envoyer en *franchise de port* leur correspondance avec l'éditeur, sous le couvert du Département de l'Intérieur.

La publication de chaque ouvrage sera annoncée par les soins du Gouvernement, dans le *Moniteur belge* et le *Mémorial administratif* des provinces.

EN VENTE :

MANUEL DE CULTURE. Un vol. Prix : 80 cent.

MANUEL DE COMPTABILITÉ AGRICOLE. 40 cent.

MANUEL THÉORIQUE ET PRATIQUE D'ARBORICULTURE, 2 vol. avec 205 planches gravées. 1 fr. 55 cent.

MANUEL DE DRAINAGE. Un vol. avec 88 pl. gravées. 1 fr. 10 cent.

SOUS PRESSE.

MANUEL PRATIQUE D'IRRIGATION. Un vol. avec 100 planches.

MANUEL DE CHIMIE AGRICOLE. Un vol.

MANUEL FORESTIER. Un vol.

TRAITÉ DES BÊTES BOVINES ET PORCINES. Un vol.

TRAITÉ DES INSTRUMENTS D'AGRICULTURE. Un vol.

TRAITÉ D'ÉCONOMIE RURALE; de la ferme, la basse-cour, etc.

En vente chez le même éditeur :

ANNUAIRE DE L'AGRICULTEUR BELGE, pour 1850. 1 fr. 25 c.

CALENDRIER AGRICOLE pour 1850, in-folio, teinte chinée. 20 c.

ALMANACH INDUSTRIEL POPULAIRE. Un vol. avec gravures. 50 c.

www.ingramcontent.com/pod-product-compliance
Ingram Content Group UK Ltd.
Pitfield, Milton Keynes, MK11 3LW, UK
UKHW020505180726
13839UKWH00004B/1911

9 782329 489346